地球神秘档案
未知的秘境

[瑞典] 詹斯·汉斯加德 著
[瑞典] 安德斯·尼伯格 绘
徐昕 译

北京理工大学出版社
BEIJING INSTITUTE OF TECHNOLOGY PRESS

版权专有 侵权必究

图书在版编目(CIP)数据

地球神秘档案.未知的秘境/(瑞典)詹斯·汉斯加德著;(瑞典)安德斯·尼伯格绘;徐昕译.—北京:北京理工大学出版社,2021.7
ISBN 978-7-5682-9521-5

Ⅰ.①地… Ⅱ.①詹… ②安… ③徐… Ⅲ.①地球-少儿读物 Ⅳ.①P183-49

中国版本图书馆CIP数据核字(2021)第021654号

北京市版权局著作权合同登记号 图字:01-2020-5603
Jordens Mystiska Platser
Text © Jens Hansegård, 2015
Illustration © Anders Nyberg, 2015
本作品简体中文专有出版权经由 Chapter Three Culture 独家授权
版权专有,侵权必究

出版发行 / 北京理工大学出版社有限责任公司
社　　址 / 北京市海淀区中关村南大街5号
邮　　编 / 100081
电　　话 / (010)68914775(总编室)
　　　　　(010)68944515(童书出版中心)
网　　址 / http://www.bitpress.com.cn
经　　销 / 全国各地新华书店
印　　刷 / 雅迪云印(天津)科技有限公司
开　　本 / 880毫米 × 1230毫米 1/32
印　　张 / 1.5
字　　数 / 30千字
审 图 号 / GS(2020)7276号
版　　次 / 2021年7月第1版　2021年7月第1次印刷
定　　价 / 25.00元

责任编辑 / 李慧智
文案编辑 / 李慧智
责任校对 / 刘亚男
责任印制 / 王美丽
设计制作 / 庞　婕

图书出现印装质量问题,请拨告后服务热线,本社负责调换

在我们生活的这颗星球上，有很多神秘刺激的地方，那里发生了一些无法解释的神秘事件。

那些地方就好像一个个没有破解的谜案一样，一直以来人们都在试图找到谜底。

也许，你就是第一个解开谜案的人？

欢迎来到《地球神秘档案：未知的秘境》！

亚特兰蒂斯
地点未知

在神话传说中,亚特兰蒂斯是大西洋上的一座巨岛。10 000多年前,它遭受了一场巨大的灾难,从此沉入海中,消失得无影无踪。

据说亚特兰蒂斯的居民曾是非常能干的建筑师、工程师和科学家。这些居民长得格外漂亮,整座岛屿非常富裕。

生活在大约2 500年前的希腊哲学家柏拉图，是第一个在文字里写到亚特兰蒂斯的人。

据他描述，住在这个岛上的人一开始是很善良的。可是慢慢地，他们变得贪婪、自大起来。于是宙斯神让亚特兰蒂斯沉没，以此来惩罚他们。

人们猜测，这座岛上有宏伟的宫殿和喷泉，到处都是金子做的雕像。

在亚特兰蒂斯的海王波塞冬神庙里，曾有一座巨大的纯金打造的波塞冬雕像。

几千年来,冒险家、寻宝者和科学家们不断在大海的波涛下寻找这座消失的岛屿。亚特兰蒂斯到底发生了什么?人们有各种不同的猜测。

亚特兰蒂斯也许是《圣经》中亚当和夏娃生活的伊甸园?19世纪的时候,一个美国人这样猜测。

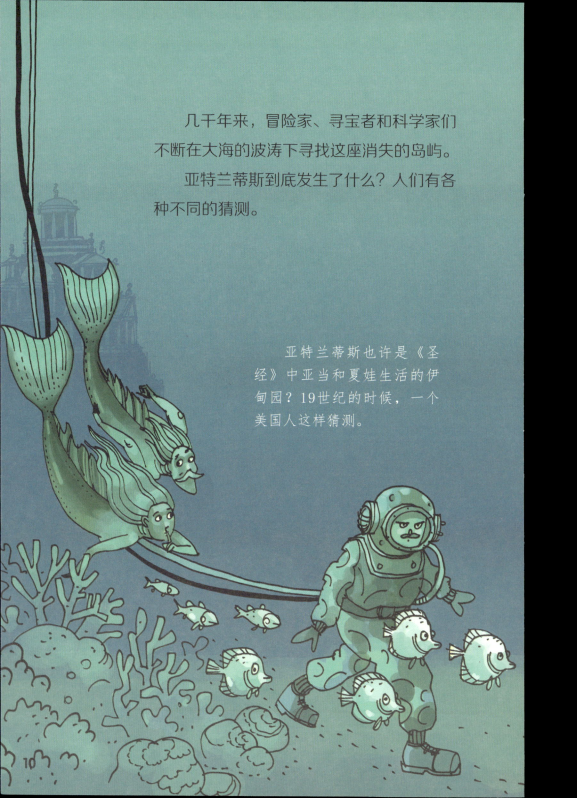

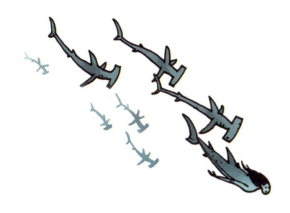

根据一种理论,关于亚特兰蒂斯的神话讲的其实是地中海的圣托里尼。大约3 500年前,圣托里尼遭受了一场巨大的火山喷发。还有人猜测,亚特兰蒂斯在别的地方,在地球的另一面。

而大多数人认为,亚特兰蒂斯只是一个传说故事。

你觉得呢?

在中国台湾岛附近的太平洋中,有一座与那国纪念碑。那是一片类似于沉没的城市的石头阵。

复活节岛——拉帕努伊
太平洋

太平洋的中央,坐落着神秘的复活节岛。1722年复活节这天,一位荷兰船长登上了这座岛,它因此得名"复活节岛"。

这位船长在岛上发现了很多巨型雕像,当地土著人管它们叫"摩艾"。

从那以后,科学家们就一直在思考这个谜案。

在土著人的语言中,复活节岛叫"拉帕努伊"。

这些土著人是怎么来到复活节岛上的呢?他们从哪里来?

他们得在海上航行几千几万公里才能抵达那里。

  那些石像每个有大约4米高，14吨重。考古学家认为，在17世纪的时候，复活节岛的居民把它们塑造成型，然后运送到岛上各处。

  可他们是怎么做到的呢？

  一种理论是，人们仅仅通过使用绳子，来来回回地摆动这些雕像，就可以将它们搬动。

人们在岛上总共找到了887座"摩艾"。最大的一座有将近10米高，75吨重！

两支工作队分别从两侧摆动雕像。另一支工作队支撑住雕像，以防它倒下。

复活节岛上的人们为什么要建造这些雕像呢？

这可能跟岛上居民的宗教信仰有关。这些雕像塑造的，也许是他们的统治者，或是他们信奉的神。

巨石阵
英格兰

巨石阵位于英格兰西南威尔特郡的埃夫伯里,是举世闻名的石器时代的建筑作品。可是那些石头是干什么用的,它们是怎样来到那里的,仍然是一个谜。

人们认为,这些石头是从300千米外的地方运过来的,尽管它们每一块都重达4吨。这就好比把一辆卡车从斯德哥尔摩抬到卡尔斯塔德(约350千米)!

这是怎么做到的呢?

巨石阵也许是德鲁伊教(编者注:古代凯尔特人信奉的一种宗教,"德鲁伊"的意思为"了解橡树的人""智者""男巫"。)举行宗教仪式的地方?

巨石阵最初建成的时候是这样的。如今半数以上的石块缺失了,还有很多石块倒塌了。

关于巨石阵的理论

- 这是一个天文观测台。
- 这是德鲁伊教士祭祀神明的神庙,他们很可能把人当作祭品。
- 这是一台巨大的日晷(一座巨大的钟)。
- 它展示的是一幅亚特兰蒂斯的地图。

如今,现代的德鲁伊教士常常聚集在巨石阵附近,他们穿着白色的长袍,举行各种各样的仪式。

啊不,我要迟到了,这太糟了!

娃娃岛
墨西哥

地球上最奇怪、最可怕的地方之一是墨西哥的穆尼卡斯岛,也叫娃娃岛。这里的树上挂着成千上万个人形布娃娃。

20世纪50年代,朱利安·桑塔纳·巴雷拉在一条运河中发现了一个淹死的小女孩。他感觉自己跟小女孩的灵魂建立了联系。为了让她高兴,朱利安开始收集旧布娃娃,并把它们悬挂起来。这些娃娃都是他从水里捞起来,或是从垃圾堆里捡来的。

朱利安说,这些娃娃都是活的,它们守护着这个岛,帮他打扫院子。

2001年,人们在他当年发现小女孩的地方找到了朱利安的尸体,他也是被淹死的。

很想知道,如今有谁会在这个诡异的岛上玩耍?

据说到了晚上，人们可以听到那些布娃娃在窃窃私语；夜里来参观的人可以看到它们在眨眼睛，在树枝间活动。

纳斯卡线条
秘鲁

在秘鲁的沙漠中，地面上有一些奇怪的巨型图案和线条。这些图案叫作地画。它们是南美洲的纳斯卡人在大约2 500年前创作的。

　　纳斯卡线条由近700幅地画组成，画面中大多是动物、植物和几何图形。所有的地画都极为巨大！一只鹈鹕有将近300米长。

　　奇怪的是，这些线条那么长，长到只能在空中才能看清它们的全貌，纳斯卡人是怎样画出如此巨大的图案来的呢？

这些地画是如何创作的呢?

纳斯卡人在红棕色的土地上挖出一道道浅浅的沟渠,一直挖到几十厘米深,露出浅色的土地为止。因为纳斯卡沙漠里很少刮风下雨,所以这些线条被很好地保存了下来。

很多人认为,人们创作这些地画是为了让他们的神有个好心情,用这种方式来求雨。另一些人认为,这些图案展示的是各种天体及天文现象。

还有种充满想象力的解释,说纳斯卡线条是远古时期宇航员们着陆的场地。

石罐平原
老挝

老挝的石罐平原是世界上最神秘的地方之一。在丰沙湾城周围的平原上，有很多神秘的石罐。没有人知道它们是从哪里来的，为什么会在那里。

这些石罐大小不一，有的可以达到4米高、几千千克重。人们猜测，这些罐子的历史超过了2000年。

奇怪的是，怎么会有这么多罐子保留下来。那个地区曾在战争中遭遇过严重的轰炸，因此考古学家在那里工作很危险，因为石罐平原上到处都是地雷和没被引爆过的炸弹。

人们猜测，这些石罐可能有下面的用途：

- 为了收集雨水；
- 用来做骨灰瓮；
- 为了储藏米酒以供盛大的宴会使用，届时人们将欢庆自己从邪恶的统治者那里获得了解放。

百慕大三角
大西洋

在大西洋百慕大群岛、美国佛罗里达和波多黎各之间有一个神秘的百慕大三角，它也被称为"魔鬼三角"。

轮船、飞机和人在这里消失得无影无踪，原因无法解释。20世纪50年代以来，有超过50艘轮船和20架飞机在百慕大三角失踪。

有些人认为，百慕大三角受到了不明飞行物（UFO）的造访，是外星人抢走了那些失踪的飞机和轮船。另一些人认为，海里神秘的漩涡把那些失踪的飞机和轮船带去了另一个时空。

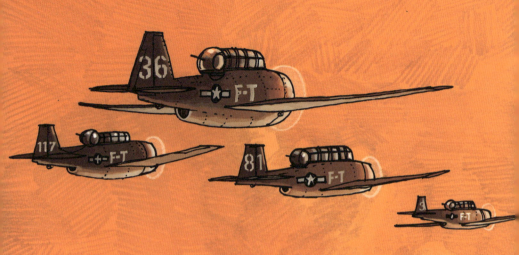

19号机队发生了什么？

1945年12月5日，美国海军的5架飞机在飞越百慕大三角时失踪。之前这些飞机跟地面有无线电联络，可突然间联络就中断了。美国海军派出了一架救援机去寻找19号机队，但这架救援机也消失得无影无踪。也就是说，总共有6架飞机、27人失踪。

这些飞机是在大西洋失事了吗？还是遇到了什么神秘的事情？

对于百慕大三角之谜的各种解释

- 不明飞行物（UFO）
- 海里神秘的漩涡
- 海盗
- 地球磁场发生紊乱
- 气泡
- 恶劣天气
- 人为失误

尽管有各种说法，但大多数人还是认为，恶劣天气和人为失误是这些飞机失踪的背后原因。

关于百慕大三角那些离奇事件的报道应该有夸张的成分——很多巡航船和其他船只经常通过这一区域，它们并没有失踪！

魔鬼城
中国

如果我们穿越中国广袤的戈壁沙漠,会远远地看见沙漠里耸立着一座巨大的城堡。可是当我们靠近它的时候,会发现它并不是一座中世纪的城堡,而是一片石头阵。

欢迎来到魔鬼城!

几百万年间,风把光秃秃的山塑造成高塔、宫殿和露出牙齿的恶魔的形状。

　　魔鬼城因为它发出的如同鬼叫般的声音而得名。刮风的时候，这座沙漠之城会变成一个昏暗危险的地方。人们可以听到哀伤的吉他声、咆哮的虎叫声和婴儿的哭泣声在山间回响。

金字塔
埃及

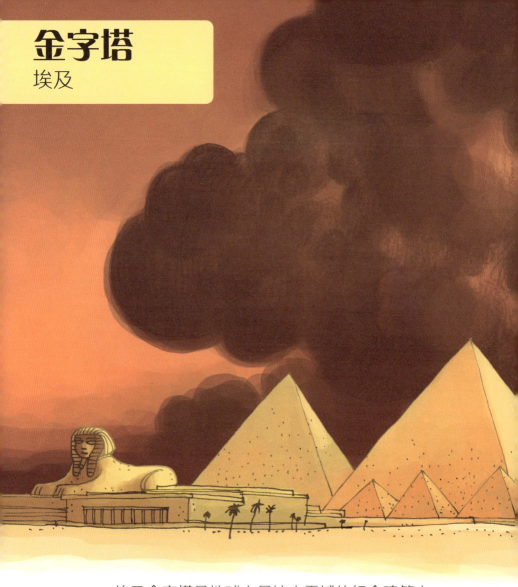

　　埃及金字塔是地球上最让人震撼的纪念建筑之一。这些金字塔是为4 500多年前这个国家的法老（国王）建造的墓地。考古学家认为，法老强迫成千上万的奴隶开凿出巨大的石块，然后沿着木头斜坡把它们慢慢地推到金字塔上。

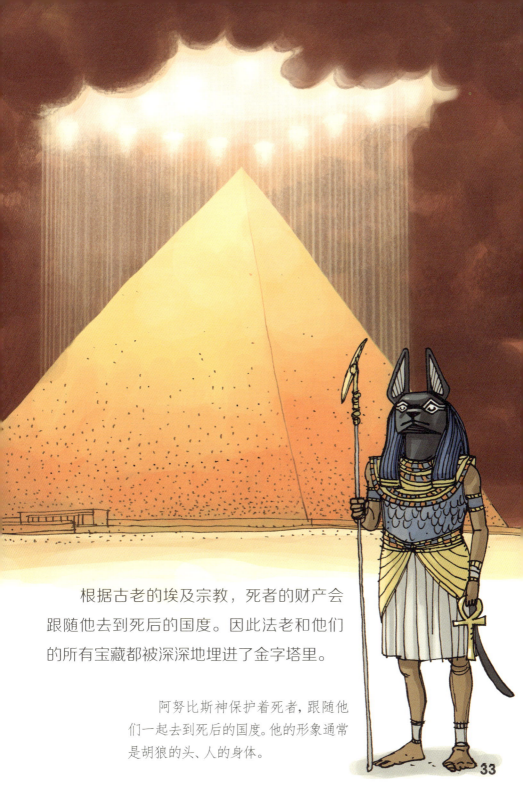

根据古老的埃及宗教，死者的财产会跟随他去到死后的国度。因此法老和他们的所有宝藏都被深深地埋进了金字塔里。

阿努比斯神保护着死者，跟随他们一起去到死后的国度。他的形象通常是胡狼的头、人的身体。

埃及金字塔大约有140座，最大的一座是吉萨的胡夫金字塔。它建成时高度超过480英尺（约146米）——是卡克奈斯电视塔（斯德哥尔摩电视塔，译者注）的3倍！在长达3 800年的时间里，它是世界上最高的建筑。

胡夫金字塔

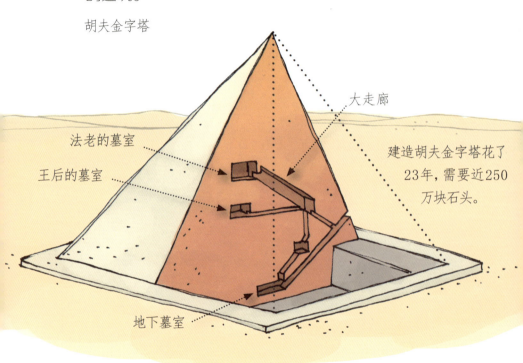

大走廊

法老的墓室

王后的墓室

建造胡夫金字塔花了23年，需要近250万块石头。

地下墓室

金字塔里面有什么？

每座金字塔的内部看起来略有不同，但最深处都是法老的墓室。墓室里满是黄金面具、贵重的宝石之类的宝藏。墓室的墙壁上覆盖着象形文字和绘画。

在法老的墓室附近，通常有其他的墓室，那里可能埋葬着法老的家人和仆人。在金字塔的内部通常还有很多杂乱的通道和假的墓室，它们是用来欺骗盗墓者的。

法老们的财富引来了盗墓者，他们偷走了几乎所有的宝藏。只有个别几座金字塔没有被人动过。

不过法老的诅咒可能会让打扰到埃及法老木乃伊的人遭殃，不管这人是盗墓者还是考古学家。据说法老的诅咒会让入侵者生病、遭遇不幸，最后惨死。

尼斯湖的水怪
苏格兰

想象一下,如果你在一个湖上划船,水里突然冒出一个很像恐龙的巨型怪物!这个怪物盯着你,你在想自己会不会成为它的午餐!在苏格兰的尼斯湖中,可能就存在着这样的怪物。

第一次有人看到水怪，是在公元6世纪，当时一位爱尔兰僧侣在湖中游泳。1943年，人们拍到了那张最著名的尼斯湖水怪的照片，可惜那张照片是伪造的。但是据说，人们在成千上万个场合见过那个怪物。

那个怪物被描述成一种巨大的生物，有着圆圆的身体和长长的脖子。

人们普遍猜测，尼斯湖水怪是蛇颈龙——一种巨型海洋爬行动物——的现代亲戚，它们在这个苏格兰湖泊中可能已经生活了好几百万年。

科学家们并不认为水怪真的存在，因为没有证据，尽管潜水员、迷你潜水艇和声呐对这个湖搜寻了很多次。于是问题来了：尼斯湖水怪是否真的存在过？

一种有趣的理论认为，尼斯湖水怪的照片拍到的压根儿就是一头从巡回演出的马戏团里逃出来的大象。当它在湖里游泳的时候，把自己的长鼻子当作潜泳通气管来使用。

没有人能够证实存在的生物被称为神秘生物，研究这些生物的人叫作神秘生物学家。根据他们的说法，全世界有很多像尼斯湖水怪这样的生物。

其他有名的神秘生物

丘帕卡布拉,主要生活在加勒比地区波多黎各的一种吸血爬行动物。

喜马拉雅雪人,也被称为"恐怖雪人",喜马拉雅山脉的一种类人猿生物。

野人,也被称位"大脚野人",美国和加拿大的一种猿人。

大湖水怪,瑞典耶姆特兰大湖中的一种水怪。

巴黎地下墓穴
法国

巴黎有着全世界最奇怪的墓地之一：可怕的地下墓穴。这是一个由隧道和走廊构成、用骨架和骷髅"装饰"的地下网络。这里摆放着600万人的骨架。

地下墓穴是走私者和骗子为了不让别人发现，用来偷偷地进城出城的通道。

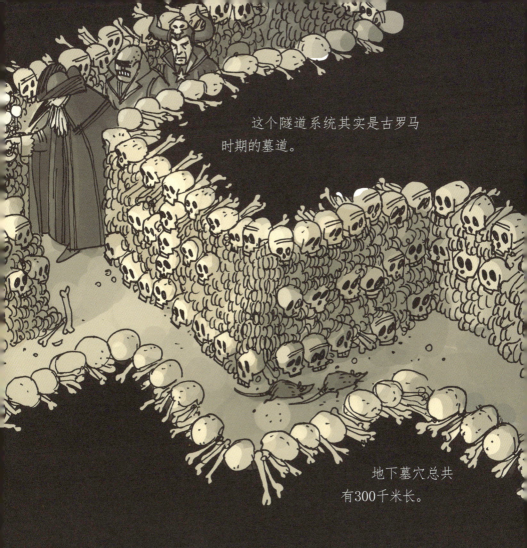

这个隧道系统其实是古罗马时期的墓道。

地下墓穴总共有300千米长。

地下墓穴的骨架是从教堂墓地里收集起来的，于1986年运到了这里。

当时人们需要给巴黎的居民腾出一些地方，好让这座城市变得更为健康。因此人们挖开教堂的墓地，把里面的尸骨转运到城市废弃的隧道里。但是没有人知道他们为什么要把这些骨架摆放得这么可怕。

51区
美国

　　51区是一个顶级机密的军事区域，位于美国内华达州的沙漠中。

　　神秘的51区常常出现在电影中和漫画报纸上。然而直到2013年，美国政府才承认这个区域是真实存在的。不过我们仍然不知道那里在发生什么。

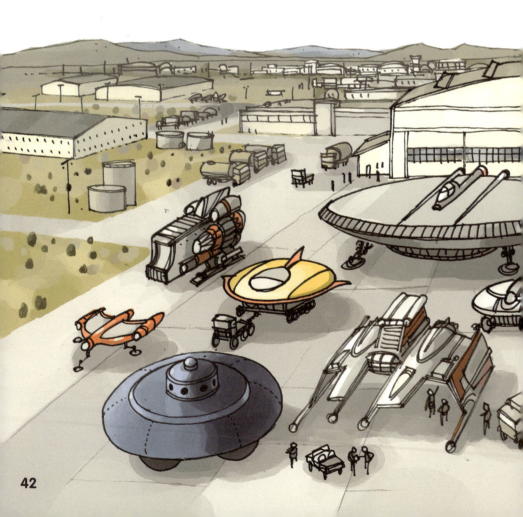

根据美国政府的说法，51区是一个军事基地，他们在那里试验侦察机，比如SR-71黑鸟侦察机和F-117夜鹰侦察机。

但是有人传言，那里藏着所有的不明飞行物（UFO）！

有些人说，美国政府在51区存放并试飞外星来的飞船。比如1947年坠毁的一架不明飞行物（UFO），这艘飞船和它的船员被送去了51区接受调查。

有些人认为，51区建有好几层地下设施和隧道，那里不仅存放着外星球的高科技设备，还有活着的外星人！

有些人甚至认为，51区是由外星人控制的！

鬼村普拉克利
英格兰

在英格兰有一座名叫普拉克利的风景宜人的村庄。不过我们不要被它的外表欺骗了,这里完全不像人们一开始以为的那样舒适惬意。这个村庄是世界上最倒霉的地方之一,在这里居住的幽灵不下12个!

普拉克利的12个幽灵

1. 被一把剑钉在树上的公路劫匪
2. 穿着绿色制服和条纹裤子的校长
3. "尖叫的男人"
4. 坐在桥上喝杜松子酒的女人
5. 头上有一个洞的农民
6. 老僧侣的灵魂
7. 教堂墓地的"红夫人"
8. 教堂里的"白夫人"
9. 一辆靠一匹幽灵马拉动夜晚轰隆隆穿过村庄的出租车
10. 一位穿制服的上校
11. 中毒而死,呼唤着她的两条狗的红衣女士
12. 一个风暴来临之前通过影子现身的幽灵